LETTRE

DE

M. DE MAIRAN,

SECRETAIRE PERPETUEL

DE L'ACADEMIE ROYALE

DES SCIENCES, &c.

A MADAME LA MARQUISE

DU CHASTELLET.

LETTRE

DE
M. DE MAIRAN,

SECRETAIRE PERPETUEL

DE L'ACADEMIE ROYALE

DES SCIENCES, &c.

A MADAME LA MARQUISE

DU CHASTELLET.

Sur la Question des Forces Vives, en réponse aux Objections qu'elle lui a fait sur ce sujet dans ses *Institutions de Physique.*

MADAME,

Le Public jugera si votre Critique sur la Dissertation que je joins ici *, est bien ou mal

* M. de Mairan en envoïant cette Lettre à Ma-

fondée, & fi l'air paradoxe de la Propofition que vous y avez particulierement atta-
quée, annonce un paralogifme, ou un rai-
fonnement folide, qui n'en devoit être que
plus frappant. C'eft pour faciliter ce jugement que j'ai confenti à la réimpreffion de
mon Ouvrage fous une forme plus commode, & plus propre à fe répandre, étant dé-
taché du corps des Memoires de l'Academie *. Du refte je n'y ai fait d'autre changement, que de mettre en Titre les Sommai-
res qui étoient à la marge dans l'*in-quarto*.
Agréez cependant, Madame, que je vous
le préfente, &, s'il eft permis d'efperer
quelque révifion après vos Arrêts, que je le
foumette de nouveau à vos lumieres. Rece-
vez-le du moins, je vous prie, comme un
hommage que je vous rends. J'attendrois
trop, ou plûtôt j'attendrois vainement, fi
je ne voulois m'acquitter de ce devoir, que
par de grands & d'excellens Livres, ou de
l'importance de celui dont vous m'avez ho-

An. 1728.

dame la Marquife du Chaftellet, y joignit un exem-
plaire d'un Mémoire fur les Forces Vives, qu'il avoit
donné à l'Académie en 1728, & qui eft le fujet de la
préfente difpute.

noré. Il me fuffit, pour ofer vous offrir celui-
ci, que vous l'ayez jugé digne d'être fa-
crifié fur les Autels que vous élevez à M.
Leibnits.

Je ne puis vous cacher, Madame, que je
crois ma caufe jugée avec un peu de précipi-
tation, que je penfe même qu'il n'y avoit
qu'à bien lire la Propofition dont il s'agit,
foit dans fon énoncé, foit dans le texte qui
la fuit, & qui l'explique, pour fe garantir du
faux afpect fous lequel vous l'avez confide-
rée. Mais je fais plus, Madame, j'ofe préfu-
mer que ce même Ouvrage où vous l'avez
lûë, un peu médité, vous fournira de quoi
fentir le foible des preuves qui vous ont paru
les plus victorieufes en faveur des Forces
Vives, & qui rempliffent le dernier Chapi-
tre de vos *Inftitutions de Phyfique.*

Ma préfomption n'eft pas ce me femble
fans fondement, & je me flatte du moins,
après tout ce qui s'eft paffé, que vous la trou-
verez excufable. Car enfin, Madame, les
raifonnemens de ce Memoire, qui ne vous
paroiffent aujourd'hui que *féduifans*, vous
les jugiez *admirables*, & fi lumineux que
vous fembliez être perfuadée qu'ils avoient

détrompé le monde de l'erreur des Forces Vives, lorſque vous écriviez votre ſçavante Piéce ſur la nature du Feu *. Qu'eſt-il arrivé depuis qui m'ait enlevé un ſi glorieux ſuf-frage ? Le voici, Madame, & la date de votre changement.

*p. 105.

C * * *. le ſéjour des Sciences & des beaux Arts, depuis que vous l'habitez, de-vint peu de temps après les éloges que vous m'aviez ſi liberalement accordez, une Ecole Leibnitiene, & le rendez - vous des plus illuſtres Partiſans des Forces Vives. Bientôt on y parle un autre langage, & les Forces Vives y ſont placées ſur le Trône à côté des Monades ; vous envoyez alors à Paris un Correctif des louanges que vous aviez don-nées à mon Ouvrage, & des effets trop ſur-prenans que vous lui aviez attribués : vous ſouhaitez en même temps que ce Correctif, ne pouvant être inſeré dans le Texte, ſoit mis en *Errata* à la ſuite de votre Piéce qu'on imprimoit actuellement. Mais à peine avoit-on exécuté ce que vous ſouhaitiez, qu'il ſurvient de votre part un *Errata* de l'*Errata*, où le ſimple Correctif ſe change en une eſpece d'Epigramme contre ce Memoire tant, & trop loué. Vous fçavez, Madame, comment ce nouvel *Errata* ne fut point publié, & comment, malgré mes inftances, l'illuftre Academicien, fur qui rouloit le foin de l'Edition, fit arrêter à l'Imprimerie Royale les Exemplaires qui en avoient été tirés pendant fa maladie, & dont il s'étoit déja échappé un petit nombre dans le Public. Mais il n'eft point queftion ici du contrafte que tout cela pourroit faire avec un monde pour lequel vous êtes née, & avec la bien-veillance dont vous m'aviez honoré jufques-là. Je n'ai rappellé ce détail que pour mieux juftifier les motifs de cette Lettre ; car voici comment je raifonne.

Madame ***. a jugé mon Memoire excellent, & les Forces Vives réfutées fans reffource, lorfqu'elle a lû, penfé, & médité toute feule ; elle n'a modifié ce jugement, & enfin elle n'a porté un jugement contraire, que depuis qu'elle a lû & penfé avec d'autres ; depuis qu'elle a adopté des fentimens philofophiques, qui pouvoient fort bien, à la vérité, marcher fans que j'y fuffe impliqué nommément, mais qu'elle a jugé à propos d'accompagner de tout ce qu'elle a cru capable d'augmenter le triomphe qu'elle a décerné, & qu'elle prépare à son Héros ; en un mot depuis qu'elle a adopté sans reserve toutes les idées de M. *Leibnits*. Seroit-il impossible, que Madame * * *. se livrant de nouveau à son excellent génie, & à la seule évidence, ou, si elle veut, au seul principe de la raison suffisante, & relisant ma Dissertation dans cet esprit d'équilibre, s'y rappellât les traits de lumiere qui l'avoient frappée, & dont j'ai lieu de croire que l'obscurcissement n'est venu que d'une cause étrangere ?

C'est ainsi, Madame, que je raisonne, ou peut-être que je me fais illusion ; mais toûjours en conséquence de l'idée avantageuse que j'ai conçue de votre discernement.

Comment pourrois-je penser en effet, que ce soit dans une lecture attentive & désinteressée, que vous ayez découvert cette prétendue faute de calcul, ou plûtôt cette bevue grossiere que vous m'attribuez, en me *p. 431.* faisant dire qu'un corps avec la Force nécessaire pour fermer seulement 4 ressorts, en ferme 6 ? Vous avez raison sans doute, après cela, d'ajouter que c'est comme si je disois que 2 & 2 font 6, & que l'un n'est pas plus impoſſible que l'autre. Mais ſi, en vertu d'une vîteſſe imprimée, & d'une Force capable de faire mouvoir un corps pendant deux inſtans, je diſois que le Mouvement ſuppoſé, ce corps aura la Force de fermer ou d'abbattre 4 reſſorts dans le premier inſtant, & 2 dans le ſecond, ce qui fait aſſurement 6, y auroit-il là de l'impoſſibilité, comme il y en a que 2 & 2 faſſent 6 ? Liſez, je vous ſupplie, Madame, & reliſez, vous verrez qu'il n'y a que cela. Imaginez deux mobiles M, N, qui par la Force qu'une impulſion quelconque leur a imprimée, montent perpendiculairement à l'horiſon, l'un (M) par un Mouvement retardé, comme on a coûtume de le concevoir, & l'autre (N) par un Mouvement uniforme, ou un aſſemblage de Mouvemens uniformes à chaque inſtant, tel que ſa vîteſſe dans chacun de ces inſtans, ſoit égale à la vîteſſe du mobile M au commencement de l'inſtant correſpondant de ſon Mouvement retardé ; ne s'enfuit-il pas que tandis que le corps M parcourt pas exemple 5 toiſes au premier inſtant, 3 au ſecond, & 1 au troiſiéme, N parcourra 6 toiſes au premier, 4 au ſecond

& 2 au troifiéme ? Où fera donc l'incon-
gruité de dire que le corps qui auroit la Force de parcourir ainfi, & par les fuppofitions
clairement énoncées, 6 toifes au premier inftant, 4 au fecond, &c. & 12 toifes en tout,
auroit primitivement la Force néceffaire pour
parcourir 12 toifes felon cette loi ?

p. 430. Je ne comprends rien à ce que vous di-
tes, Madame, qu'*on ne peut réduire, même
par voye d'hypothefe ou de fuppofition, le Mouvement retardé en uniforme ;* car rien n'eft
plus ordinaire, & fouvent plus indifpenfa-
ble, pour entendre, ou pour expliquer la
théorie du Mouvement. C'eft là-deffus que
roule la Propofition fondamentale de *Galilée,* dans fon Dialogue *De motu naturaliter
accelerato ; Galilée,* a été fuivi en cela de
tous les Géometres qui ont traité la même
matiere après lui ; & ma fupppofition n'eft
que l'inverfe, ou un Corolaire de la fienne.

Il eft vrai que j'ai conclu de-là, que les 3
toifes de plus parcourues par le corps *N*
dans l'exemple précédent, & non parcourues
par le corps *M,* font en raifon de la fomme
des extinctions ou des pertes de fa Force,
occafionnées par les retardemens qu'il a fouf-

ferts, & en raifon de fa vîteffe primitive. Et
comme la Force primitive réfultante de fa
vîteffe eft égale à la fomme de ces pertes ou
des extinctions de fa Force par les obftacles
qui la réduifent enfin à zero, il eft certain
qu'il fuit de là que la Force primitive du corps
M, étoit en raifon de fa fimple vîteffe, &
non du quarré de fa vîteffe. Et c'eft, Madame, ce que vous ne fçauriez me paffer, mais
que vous ne refutez nullement.

Je n'infifterois pas davantage fur ce qui
me regarde, fçachant que des perfonnes habiles veulent bien me faire l'honneur de pren-
dre ma défenfe, & entrer là-deffus dans le
détail le plus inftructif, fi je n'avois à vous
faire remarquer encore cette circonftance
affez finguliere de votre Critique. C'eft, Madame, que vous y paroiffez toûjours citer
mes propres paroles, & que ce ne font pourtant que les vôtres, ou celles d'un autre que
vous y avez citées, ou de fimple réfumés
que vous y avez tranfcris. Je vais mieux
m'expliquer; vous rapportez en lettre itali-
que, ou vous diftinguez par des guillemets
les prétendus paffages tirés de ma Differtation, & indiqués par leurs articles ou nume-

ros; & ce n'eſt point cela , mais tout au plus des abregés ou des extraits que je ne con-nois pas. On croircit d'abord , par exemple, p. 429. que l'énoncé de la Propoſition que vous allez, dites-vous, refuter, eſt le mien, étant bien indiqué par les N°. 38. & 40. Point du tout, c'en eſt un autre que vous me prêtez, & très-defectueux, pour ne rien dire de pis. Suit un morceau qui occupe plus de la moitié de la page 430. & que la marge annonce pour les N°. 39. & 44. on ne le trouve ni dans l'un , ni dans l'autre de ces N°. ni dans les deux pris enſemble. Dites-moi auſſi, je vous prie, Madame, dans quel endroit de mon N°. 33. on lit les paroles qui ſont rapportées ſous ce titre au bas de la p. 432 ? Et ainſi du reſte.

Je conviens qu'il eſt permis d'abreger & de réſumer ce qu'un Auteur a écrit plus au long , ou répandu en divers endroits de ſon Ouvrage ; mais je ſuis fort trompé , s'il eſt permis de donner ces reſumés pour ſon texte. Il me ſemble que cela ne doit pas être permis , ſurtout , quand on prétend réfuter cet Auteur , & encore moins , quand il s'a-git de Mathematique , & de Sciences exac-

res. Mais que fera-ce lorfque l'on y dé-
guife, ou que l'on y fupprime ce qu'il avoit
dit de plus important pour la Queftion, &
qu'on procede ainfi fans que le Lecteur en
foit averti, ou puiffe s'en appercevoir à aucun figne ? Par exemple, après les mots
d'*efpaces non parcourus*, vous fupprimez ces
paroles, *& qui l'auroient été par un Mouve-*
ment uniforme dans chaque inftant, qui les
fuivent, N°. 38. à la tête de la Propofition;
& celles-ci qui difent la même chofe, N°. 40.
& qui l'auroient été fi la Force Motrice fe fût
toûjours foutenue, & n'eût point fouffert de di-
minution. Vous venez de voir cependant,
Madame, qu'elles étoient fi effentielles, ces
paroles, qu'on peut raifonnablement douter
que vous euffiez jamais voulu attaquer cette
théorie, fi elles n'avoient pas été retran-
chées de fon énoncé, & fi vous les aviez eues
fous les yeux quand vous en avez entrepris
la refutation. Mais elles ne fe trouvent ni là,
ni ailleurs, c'eft-à-dire, ni dans aucun des
morceaux que vous m'attribuez, ni dans les
remarques de votre part qui les accompa-
gnent; quoiqu'affurément une reftriction fi
néceffaire n'ait pas été oubliée chez moi, &

fè trouve dans ma Propofition même, dans fa Demonſtration, & dans ſes Corollaires. Mais traitons ſi vous le voulez, Madame, tout cela de bagatelle ; tout au moins me fera-t'il permis d'en conclure, & d'en réſumer à mon tour, que c'eſt ſans beaucoup d'exactitude, & un peu cavalierement que vous avez prétendu me refuter.

Pour juſtifier après cela l'autre partie de ce que j'ai avancé dans cette Lettre, ſouffrez, s'il vous plaît, que je vous diſe mon ſentiment ſur les preuves que vous avez donnéés, ou adoptées en faveur des Forces Vives. Je me contenterai d'en choiſir une ou deux de celles dont vous m'avez paru faire le plus de cas, & j'ajouterai enſuite quelques réflexions ſur cette matiere en général. C'eſt tout ce que je puis faire dans une Lettre comme celle-ci, où l'on ne doit s'attendre ni à un Traité complet, ni à une Refutation dans les formes.

p. 435.   Un de ces Argumens *qui ne laiſſe lieu à aucun ſubterfuge .... qui ne laiſſe au-*
p. 436.   *cun lieu aux prétextes que l'on allegue contre la plûpart des autres expériences qui prouvent les Forces Vives,* un exemple admirable, &

que l'on doit à feu M. *Herman*, eſt celui-ci.
Le corps *A*, de 1 de maſſe & 2 de vîteſſe,
vient frapper le corps élaſtique *B*, en repos
& de 3 de maſſe, il lui communique 1 de vîteſſe, & il retourne lui-même en arriere
avec 1 de vîteſſe, en cet état il rencontre *C*,
autre corps à reſſort & en repos, de même
maſſe que *A*, il lui communique le degré de
vîteſſe qu'il avoit & qu'il perd, & il demeure en repos. Or ſi l'on multiplie la maſſe de
B, qui eſt 3, par 1 de vîteſſe, *ſa Force ſe-
ra 3, de l'aveu même de ceux qui refuſent
d'admettre les Forces Vives*, & pareillement
ſi l'on multiplie la maſſe de *C*, qui eſt 1,
par 1 de vîteſſe, on aura 1 de Force; ce qui
fait en tout 4 de Force; d'où il ſuit, ſelon les
principes mêmes des Adverſaires, & ſelon
leur maniere d'évaluer les Forces Motrices,
que 2 degrés de vîteſſe & 1 de maſſe dans le
corps *A*, qui ne font que 2 de Force, ſelon
eux, ont produit 4 de Force dans la nature
après le choc. Mais ces 4 degrés de Force
n'ont été produits ou communiqués par le
corps *A*, que parce qu'il les avoit; *donc*,
concluez-vous, *la Force du corps A qui
avoit 2 de vîteſſe & 1 de maſſe, étoit 4, c'eſt-*

à-dire, comme le quarré de cette vîteſſe multiplié par ſa maſſe. Voici donc ce qu'on ap-
pelle un Argument *ad hominem*, qui nous réduit au ſilence, ne nous laiſſant pas même la
reſſource d'un ſubterfuge plauſible.

Mais que diroit-on d'un homme, qui étant
dans la fauſſe perſuaſion que le double de
tout nombre entier, ou rompu, eſt égal à
ſon quarré, nous en donneroit pour preuve
l'exemple du nombre 2, parce que 2 & 2
font 4, de même que 2 multiplié par 2 fait
4 auſſi ? Ne lui repondroit-on point ſur le
champ, que 3 & 3 font 6, & que le quarré
de 3 eſt pourtant 9 ; que le double de 1 $\frac{1}{2}$
eſt 3, & ſon quarré n'eſt que $\frac{1}{4}$; qu'un exemple particulier, fortuit, & équivoque, né
prouve pas une théorie générale ; ou plûtôt
ſe donneroit-on la peine de lui repondre ?

Reprenons maintenant l'exemple des trois
boules *A*, *B*, *C*, & voyons s'il eſt plus con-
cluant que celui auquel je viens de le com-
parer. Mais pour ôter l'équivoque que cauſe ici le nombre 2, & enſuite l'unité, don-
nons à la boule *A*, 3 de vîteſſe par exemple, ou 4, pour éviter la fraction de la moitié de l'impair ; remettons la Formule du
choc

choc des corps à refforts fous nos yeux ; &
calculons fur le même pied la Force qui fe
doit trouver dans la nature après le choc. Il
eft clair que *B* ira en avant avec 2 degrés de
vîteffe ; c'eft-à-dire, avec la moitié de celle
qu'avoit le corps *A* avant le choc , comme
dans l'exemple ci-deffus. Mais 2 de vîteffe
par 3 de maffe donnent 6 de Force ; & parce que *A* rejaillit en fens contraire à fa premiere direction , avec la même vîteffe qu'il
a communiquée à *B* , comme dans le premier exemple, & qu'il communique de même toute fa vîteffe & toute fa Force à *C*,
fçavoir ---2 ; il fuit , *de l'aveu même de ceux
qui rejettent les Forces* , à la maniere de
compter defquels vous voulez bien vous
prêter ici pour les tirer d'erreur , en ajou-
tant néanmoins les Forces qui agiffent en
fens contraire ; il fuit, dis-je, qu'il y aura
après le choc 8 de Force , au lieu de 4
qu'ils en comptoient avant le choc. Mais
prenez garde , Madame , qu'il y en devroit
avoir 16 felon vous, exprimés par la maffe
de *A*, qui eft 1, multipliée par le quarré 16
de fa vîteffe 4. Ils fe trompent donc, fi vous
voulez, mais vous vous trompez auffi, & au

lieu de dire que la Force Vive eſt comme la maſſe multipliée par le quarré de ſa vî-teſſe, il faudra vous réduire déſormais à ne faire cette Force que comme la ſomme des maſſes multipliée par le double de la vîteſſe. Et il eſt évident que dans l'exemple même allegué, 2 de vîteſſe ne donne le nombre 4 qu'entant que double de ſa premiere puiſſan-ce, & non comme la ſeconde ou ſon quarré.

Voulez-vous conſiderer la choſe ſous un autre aſpect, & tout le reſte demeurant égal, c'eſt-à-dire, conſervant à la boule *A* les deux degrés de vîteſſe que vous lui avez d'a-bord donnez avant le choc, aſſigner ſucceſ-ſivement à *B*, différentes maſſes au-deſſus, ou au-deſſous de 3 ? Vous allez voir par le même procedé qu'il y aura dans la nature tantôt plus, & tantôt moins de Force après le choc, qu'il n'en réſulte de la maſſe mul-tipliée par le quarré de la vîteſſe avant le choc; & cela entre deux Limites, dont l'une donne la maſſe multipliée par la ſimple vî-teſſe avant le choc, ce qu'il eſt inutile de ſpécifier ici plus particulierement. Ceux qu rejettent les Forces Vives, & dont vous avez cru obtenir l'aveu, vous diront donc,

Madame, d'après tous ces cas, qu'il eſt vrai
que la ſomme des Forces de pluſieurs mobiles ainſi meſurée après le choc, peut être
plus grande que celle qu'il y avoit dans la
nature avant le choc, mais qu'il en réſulte
qu'elle eſt plus grande, ou plus petite que la
Force Vive meſurée par les quarrés des vî-
teſſes ; & ils ajouteront qu'il y a pour cela à
parier l'infini ou deux infinis contre le fini,
puiſqu'il y a une infinité de cas au-deſſus, ou
au-deſſous, contre un ſeul de ceux qui vous
ſont favorables.

Or voyez, je vous prie, Madame, à quoi
ſe réduit cet exemple formidable qui devoit
les accabler.

J'avouë que j'aurois eu plus de tort qu'un
autre d'en être allarmé, après avoir demêlé
dans ma Diſſertation pluſieurs de ces cas,
comme par exemple, de 4 boules égales entre elles & à une cinquiéme qui vient les
choquer ſucceſſivement ſous des angles donnés, avec 2 degrés de vîteſſe primitive, & qui
leur communique à chacune par le choc 1 de
vîteſſe, ce qui fait 4 de Force après le choc,
&c.

Auſſi, Madame, je me contenterai de

vous dire fommairement, que tous les corps dont il s'agit ici, font fuppofés, ou le doivent être, fe mouvoir d'un Mouvement uniforme avant & après le choc, & par conféquent les Forces Vives ne fçauroient y avoir lieu : qu'il n'y a véritablement dans tous ces exemples, que 2 degrés de Force après le choc, comme avant le choc, en ôtant la quantité négative qui s'y trouve pour le corps *A*, ou *C*, de la pofitive qui appartient au corps *B*, & en ne confiderant que le tranfport de matiere ou du centre commun de gravité des maffes de même part : qu'il eft contre toutes les regles du calcul dans l'addition ou la fomme qu'on fait des grandeurs dont les unes font affectées du figne *plus*, & les autres du figne *moins*, comme elles le font ici après le choc, d'ajouter celle qui a le figne *moins*, à celle qui a le figne *plus*, comme vous faites, au lieu de l'en fouftraire, ce qui ne vous donneroit jamais qu'une fomme de Forces en raifon des maffes multipliées par les fimples vîteffes : que le reffort eft une vraie machine dans la nature, dont les effets doivent être évalués comme ceux des machines ordinaires, par leur action totale

vers le côté du plus fort : que ces effets con-
fiſtent à doubler celui qu'auroit produit le
ſimple choc en des matieres non élaſtiques :
que ſi l'on veut conſiderer ſéparément tous
les effets du choc des corps à reſſort, en ſom-
mant comme poſitif ce qu'ils donnent dans
les deux ſens contraires, il ne faut nullement
attribuer la nouvelle Force qui ſemble en ré-
ſulter dans la nature , & qui ſe manifeſte par
le choc, à l'énergie du corps choquant, comme s'il ne faiſoit que la tranſmettre au choqué, mais à un principe étranger de Force,
où la produite en apparence étoit déja , &
d'où elle part ; en un mot , à la cauſe Phyſique quelconque du reſſort, dont le choc n'a
fait que déployer l'activité , & abbattre ,
pour ainſi dire , la détente , &c. Il ſeroit
inutile de s'étendre davantage ſur des Remarques dont les principes ont été ſuffiſamment
indiqués dans ma Diſſertation ; & je veux autant qu'il eſt poſſible , ne me pas écarter de
votre point de vûë.

Mais ce qui ſurprend ici, & à quoi l'on
n'auroit pas cru devoir s'attendre , c'eſt que
cet Argument tranchant, qui dans le §. 577.
ne laiſſoit aucun lieu aux ſubterfuges , en va

éprouver un au §. 579. & c'eſt vous, Madame, qui le fourniſſez à vos Adverſaires. *Cependant*, ajoutez-vous, *la difficulté du temps*
(ſi c'en eſt une) reſte toûjours dans cette ex-
périence, puiſque la boule A n'a communiqué
ſa Force aux boules B, & C, que ſucceſſive-
ment.

Et qui croiroit encore que c'eſt ſans né-
ceſſité que vous vous relâchez ainſi en faveur
du parti ennemi ? Rien n'eſt plus vrai cependant, & j'aurois mauvaiſe grace de me pré-
valoir là-deſſus de votre aveu. Non, Mada-
me, on ne peut vous rien objecter de pareil.
Tout eſt fait ici dès que le corps *A* a choqué
le corps *B*; il y a dès-lors dans la nature, de
l'aveu des Adverſaires, & de la façon dont
vous le calculez, 4 degrés de Force, qui ré-
ſultent de ce choc; ils réſident en *B*, & en
A, pris enſemble avec des directions contraires, & le corps *C* que vous faites trouver
ſur le chemin de ce dernier, n'eſt, ſi je l'oſe
dire, qu'un intrus dont on n'a que faire pour
l'objet principal, qui eſt, que 2 degrés de
vîteſſe ſur 1 de maſſe, ont en eux de quoi
produire 4 de Force par le choc; & par
conſéquent que le corps où réſidoit cette vî-

teſſe les avoit, ainſi que vous le voulez croire , ou que ſa Force étoit comme le quarré
de ſa vîteſſe. Et vous me permettrez d'ajouter que rien n'empêchoit enſuite que vous ne
fiſſiez remarquer, qu'en mettant un corps *C*,
de même maſſe que le corps *A*, ſur ſon chemin , &c. on y pouvoit obſerver ce *rapport* p. 436.
admirable qui ſe trouve *entre la façon dont le*
corps A prend ſa Force dans cette expérien-
ce , & celle dont un corps qui remonte par la
Force acquiſe en deſcendant , perd la ſienne ,
&c. Car le nouveau corps *C*, n'apporte aucun changement, rien de plus ni de moins ,
à la Force qui s'eſt déja manifeſtée par le
choc, non plus qu'à la preuve tirée de l'exemple ; preuve qui en cette occaſion vaut
autant qu'un autre, ſi un cas fortuit, & équivoque peut former une preuve. Ce n'eſt pas
que le temps n'entre ici à d'autres égards ,
mais ce n'eſt nullement de la façon que vous
avez cru devoir craindre.

Quoi qu'il en ſoit, Madame, vous avez jugé à propos de prevenir une objection qu'on
ne devoit pas vous faire , par un aveu dont
vous pouviez vous diſpenſer ; & c'eſt ce qui
vous oblige de recourir à un nouveau cas, où

vous comptez bien fûrement pour le coup, que les Adverfaires des Forces Vives n'auront rien à vous repliquer.

Ce cas qu'on a enfin trouvé, & *qu'ils croyoient introuvable*, eft celui d'une boule qui va choquer en même temps, & avec 2 degrés de vîteffe, deux autres boules dont la maffe eft double de la fienne, & la fomme quadruple, & qui va les choquer obliquement fous un angle donné, fçavoir de 60 degrés, & tel, qu'il leur eft communiqué 1 degré de vîteffe à chacune, & par conféquent 2 de Force; ce qui fait 4, ou le quarré de la vîteffe de la premiere, & *qui fait tomber entierement l'objection tirée de la confideration du temps, dont les ennemis des Forces Vives ont fait jufqu'à préfent tant de bruit.*

Mais oferai-je vous le dire, Madame, cet exemple ne prouve pas mieux que le précédent, & il eft à plufieurs égards beaucoup plus défectueux.

Car 1°. le double choc n'y eft pas plus fimultané que l'étoit le choc unique dans l'autre, comme j'ai eu l'honneur de vous le faire remarquer.

2°. Il eft encore plus particulier, & plus

fortuit , en ce que l'effet demandé y dépend d'un plus grand nombre d'élemens ou de donnés ; sçavoir , de la raison des deux boules choquées à la choquante , conjointement avec la vîtesse requise de celle-ci , & de plus avec un angle constant , ou une obliquité déterminée. De maniere qu'en assignant d'autres grandeurs , ou d'autres rapports aux élemens qui entrent dans la formule de ces sortes de chocs , vous aurez d'autant plus de cas , c'est-à-dire , une infinité d'autant plus grande de cas , où la Force résultante du choc différera du quarré de la vîtesse multipliée par la masse. Et ainsi l'induction que la Force des corps n'est pas comme leur masse multipliée par le quarré de leur vîtesse , devra d'autant & infiniment plus l'emporter sur celle que vous tirez du cas particulier , où la Force se trouve être fortuitement , & par d'autres circonstances , comme la masse multipliée par le quarré de la vîtesse.

3°. Le temps y entre encore , aussi-bien que dans l'exemple précedent , en raison des vîtesses , pendant la contraction , & la restitution des ressorts , comme dans l'expérience de l'argile pendant fes enfoncemens ; & de plus en ce que le tranfport des maffes doubles, triples, quadruples, &c. de même part que la direction du corps choquant, ne fe fait qu'en un temps double, triple, quadruple, &c. comme je l'ai expliqué dans ma Differtation fur un exemple tout pareil, pour ne pas dire le même.

4°. Enfin les effets, & l'induction que vous voulez tirer de cet exemple, font fi vifiblement dûs à la décompofition des Forces en général, & concluent fi peu en faveur des Forces Vives, que la même chofe a lieu, toutes conditions égales, pour les fimples tendances, & pour ce que vous appellez les *Forces Mortes*. Car un nœud tiré par trois puiffances, ou par quatre, ou par cent puiffances qui fe tiennent réciproquement en équilibre, nous donne en vertu de leurs directions obliques, & de la décompofition réciproque qui en réfulte, tout ce qu'on prétend nous faire voir en preuve pour les Forces Vives, dans les chocs de même obliquité, foit fimultanés, foit fucceffifs ; comme je l'ai encore dit & redit dans cette Differtation que vous ne voulez jamais me faire l'honneur de confulter, quoique vous ayez bien voulu me faire celui de la critiquer. Ainfi il n'y a rien de plus étonnant à voir produire dans ces circonftances, en des maffes differentes, quatre degrés de Force, par le choc d'un corps qui n'en a que deux ; qu'à voir une puiffance en équilibre, ou une *Force Morte* de telle valeur qu'on voudra, en foutenir trois, quatre, cinq, & cent mille autres de même efpece, & de même valeur qu'elle.

C'eft là cependant, Madame, tout ce que vous avez trouvé de plus fort pour réduire au filence les *ennemis* des Forces Vives, & furtout M. *Jurin*, l'un des plus redoutables, qui s'étoit engagé, comme vous le rapportez, de fe convertir aux Forces Vives, lui & les fiens, fi l'on pouvoit lui citer un feul cas où elles euffent lieu, fans que le temps y entrât pour quelque chofe. Le voilà fommé de fa parole.

Mais penfez-vous, Madame, qu'un homme auffi habile, & auffi clairvoyant que l'eft M. *Jurin*, ne s'appercevra pas de tout ce que je viens d'obferver ci-deffus, & peut-être de bien d'autres incompetences. Croyez

donc qu'il n'eſt pas prêt à ſe rendre, j'oſe
vous en répondre. La difficulté du temps
demeure dans ſon entier, elle entre & entre-
ra éternellement dans tous les effets dont
vous voudriez bien la chaſſer, cette difficulté, qui vous fait ajouter la paranthese, *ſi
c'en eſt une*; oüi, Madame, c'en eſt une bien
diſtinctement, & dont on ne ſe tirera jamais.
Le temps n'eſt rien, dit-on, & la vîteſſe eſt
tout ce dont on a ici beſoin. Souffrez que je
vous diſe au contraire, que le temps eſt
tout, & que la vîteſſe n'eſt rien, ou que ce
n'eſt autre choſe qu'une dénomination abre-
gée de l'eſpace parcouru diviſé par le temps
employé à le parcourir.

Ce temps eſt en effet embarraſſant, & il
eſt cauſe qu'on procede ici par une méthode
bien oppoſée à celle que la bonne Philiſo-
phie & la ſaine raiſon ont dictée dans tous
les ſiécles; qui eſt de ne point paſſer aux cas
difficiles, & compliqués de circonſtances
étrangeres, avant que d'avoir ſçu à quoi s'en
tenir ſur les cas les plus ſimples.

Je vois, & je ne puis, Madame, vous le
diſſimuler, que c'eſt par la méthode des
exemples compoſés, que vous vous êtes per-

fuadée la réalité des Forces Vives. C'eſt
du moins par celle-là que vous tâchez d'en
convaincre vos Lecteurs, & de refuter ceux
qui les rejettent. Pourquoi ne pas devoiler
leur erreur par l'endroit qui peut les y avoir
conduit? Par cet effet ſi ſimple, ſi degagé
de toute autre circonſtance, d'un corps qui
monte ou qui deſcend, & dont le mouvement n'eſt retardé ou accéleré que par les
impulſions de la Peſanteur? Ce cas ſur lequel j'ai tant inſiſté, & auquel je prétends
que tous les autres peuvent être ramenés?
Ce cas enfin dans lequel M. *Leibnits*, Auteur des Forces Vives, a vu les Forces Vives, & a voulu les faire voir aux autres?
Elles s'y montrent donc, elles y ſont donc,
& y doivent être, ou bien elles ne ſont nulle
part?

J'aurois cru, Madame, que c'étoit à cette
occaſion, que vous faiſiez une remarque qui
précéde les deux exemples que je viens d'e-
xaminer; *les ennemis des Forces Vives, trou-* p. 434.
vent, dites-vous, *le moyen d'éluder la plû-*
part des expériences qui les prouvent, parce
qu'ils ne peuvent les nier; ils rejettent, par
exemple, toutes celles que l'on fait ſur les en-

foncemens des corps dans des matieres mol-
les , & il est vrai qu'il se mêle toûjours inévi-
tablement dans ces expériences , & dans les
exemples que l'on tire des créatures animales,
des circonstances étrangeres qui éternisent les
disputes.

J'ignore qui sont ceux aujourd'hui qui
rejettent les expériences sur les enfoncemens des corps dans des matieres molles,
& je sçais seulement, qu'après avoir loué l'esprit & l'industrie de ceux qui les ont faites,
je les ai adoptées dans mon Memoire, en
preuve de mon sentiment. Mais ce que vous
ajoûtez des circonstances étrangeres qui s'y
mêlent inévitablemement , de même que
dans les exemples qu'on tire des créatures
animales, & qui éternisent les disputes, est
très-judicieusement remarqué. C'est cependant de cette maniere , Madame, qu'on di-
roit que vous voulez éterniser celle-ci. Car
les vertus élastiques ou les effets du ressort,
les compositions & les décompositions de
Forces & de Mouvemens, ne compliquent
pas moins la question, & ne la chargent pas
moins de circonstances étrangeres, que les
enfoncemens faits dans l'argile, ou dans la

cire, & les exemples tirés des créatures animales. Je n'ai garde de croire que ce foit là
votre intention ; & j'en reviens toûjours à
penfer feulement que vous ne vous êtes pas
affez fiée à vos propres lumieres dans cette
Recherche. Tranfigez donc, je vous fupplie,
Madame, avec vous-même, ou avec moi, fi
vous voulez m'honorer jufqu'à ce point, fur
l'exemple clair & univoque du Mouvement
retardé par les feules impulfions de la Pefanteur ; convenons ou que les Forces Vives
s'y trouvent, ou qu'elles ne s'y trouvent
pas, ou, ce qui reviendroit affez au même,
qu'on ne peut les y trouver ; & après cela
nous pafferons à tout ce qu'il vous plaira de
plus compofé. Car je ne cherche qu'à abré-
ger, & à proceder par ordre.

Mais en attendant, Madame, pour qui
croyez-vous que feroit la préfomption favo-
rable dans cette difpute ? Pour le parti qui en-
taffe fans fin ce qu'il y a de plus compliqué,
ou pour celui qui ne cherche qu'à ramener
la queftion à fes moindres termes, qui fonde
la nature dans ce qu'il y peut trouver de plus
fimple, & où elle doit fe montrer le plus à
découvert, & par fes plus grands côtés ?

Je parle de préſomptions dans une Recherche qui eſt du reſſort des Mathémati-
ques, & j'ai raiſon d'en parler ; parce qu'il
n'y a plus, ſelon moi, que les préſomptions,
les préjugés, & l'autorité mal évaluée de
part ou d'autre, qui entretiennent ici la diſ-
corde entre les Géometres, au grand ſcan-
dale de la Geometrie. Tout eſt dit aujour-
d'hui ſur ce ſujet, ou le doit être, après tant
d'habiles gens qui y ont mis la main ; & en
effet vous ne voyez pas du nouveau en ce
genre, du moins pour le fonds des preuves ;
vous nous l'auriez donné dans votre Livre,
s'il y en avoit. Il a été un temps cependant
où il regnoit de l'obſcurité dans cette diſpute, comme il arrive toûjours au commencement de toutes les diſputes : mais la lumiere
s'eſt montrée aſſurément de part ou d'autre
depuis pluſieurs années, ou elle ne ſe mon-
trera jamais, vu la nature de la queſtion, &
les connoiſſances dont elle dépend. Car ce
qui s'y mêle de Phyſique, ou de Metaphy-
ſique, s'évanouit par l'abſtraction Mathematique, & par l'idée préciſe & diſtincte des
quantités purement calculables qu'on y con-
ſidere, & que l'on n'y reçoit qu'entant que

ſuſceptibles

fusceptibles de plus & de moins. Ce font donc les préfomptions, le préjugé de l'autorité, & les engagemens antérieurs qui font aujourd'hui le plus grand obftacle à la réunion des Efprits ; & je fuis fort trompé, fi un bon Livre de *Préjugés légitimes*, comme celui qui parut dans le fiécle dernier, fur un Schifme de toute autre conféquence, ne feroit pas ce qu'il refte de plus utile à faire fur les Forces Vives.

Tout au moins faudroit-il qu'on ne fe remplît pas tant du mérite & de la réputation de ce Sçavant, ou de cet autre, qui défend l'opinion Leibnitiene avec ardeur, ou qui s'obftine à la rejetter. Car fans toucher à des fources d'illufion plus délicates, je vois que l'autorité mal entenduë, & qui fe gliffe ici mal à propos, y jouë un furieux rôle. Où eft-elle cependant cette autorité, & de quel côté ferons-nous pancher la balance ? M. *Leibnits* étoit un grand homme; oüi, fans doute. Mais M. *Newton* lui cede-t'il ? Et dans un Examen tout Mathematique ou Phyfico-mathematique, avoit-il une moins forte tête pour bien juger ? L'Allemagne eft une Nation féconde en grands Sujets. Refuferonsnous la même prérogative à l'Angleterre ? Quant au reste de l'Europe, je crois que ce ne sera pas faire tort aux Forces Vives, de dire que les sentimens y sont partagés à cet égard. Mais leur adjugerons-nous sans restriction toute l'Allemagne ? Je suis pourtant bien informé, que cette sçavante Nation nourrit actuellement dans son sein plus d'un Géometre habile, & reconnu pour tel, qui a totalement abandonné les Forces Vives, après y avoir été attaché sur la foi de ses premiers Maîtres, & qui ose maintenant les combattre de front. Je n'en citerai pour preuve parmi bien d'autres, que l'excellente Dissertation de M. *Hausen*, Professeur de Mathematiques & de Philosophie à Lipsik, de *Viribus Motricibus*, &c. en forme de Theses soutenuës publiquement, & imprimées dans cette Ville depuis quelques années.

Au préjugé de l'autorité pour les Forces Vives, j'en ai vu quelquefois succéder un autre, qui n'est pas mieux fondé, & qui est aussi commode. On se persuade, ou l'on veut se persuader, qu'une question qui a pu faire naître un tel partage parmi les plus habiles Géometres de l'Europe, ne peut être qu'une pure queſtion de nom ; comme ſi dans une diſpute qui eſt devenue preſque nationale , & qui intereſſe deux auſſi grands Partis , les vérités les plus évidentes ne pouvoient pas être long-tems obſcurcies par de mauvaiſes raiſons ſoutenuës des noms fameux d'un Parti. Vous êtes trop éclairée , Madame , pour convenir jamais que de donner 100 degrés de Force à un mobile qui doit produire un certain effet déterminé , ou de ne lui aſſigner que 10 degrés de Force pour la production pleine & entiere de ce même effet, ne ſoit qu'une ſeule & même choſe. Mais ſi ceux qui ſe retirent dans cet aſyle ont été eux-mêmes auparavant du nombre des Défenſeurs des Forces Vives , comme je l'ai vu arriver plus d'une fois , je les prierois de me dire pourquoi ils ont marqué tant de zele , & fait tant de bruit pour une queſtion de nom , pour une nouvelle maniere d'exprimer ce qu'on ſçavoit déja ? Pourquoi nous donner une ſimple explication ſur les Forces Motrices des corps pour la plus grande découverte qui ait jamais été faite ſur le Mouvement ? Pourquoi traiter , comme a fait M. *Leibnits* , l'opinion ou l'expreſſion reçue jufqu'alors, d'erreur infigne. *Brevis demonftratio erroris memorabilis Cartefii, & aliorum* * &c. Car voilà de quel ton les Forces Vives furent annoncées au monde. Seroit-ce donc une chofe fi memorable que de voir quelques Sçavans ne pas entendre eux-mêmes ce qu'ils nous difent, & refufer d'admettre fous un nom ce qu'ils voudront bien accorder fous un autre ?

S'il y a eu ici du mal entendu, c'eft véritablement lorfque les Partifans des Forces Vives fe font perfuadé que leurs expériences étoient en oppofition avec la théorie de leurs Adverfaires ; lorfqu'ils ont cru que des enfoncemens ou des emplacemens de matiere faits dans l'argille, par la chûte des corps, ou une fuite de refforts bandés, leur fournifloient quelque chofe de plus que l'exemple allegué par M. *Leibnits*, d'un corps qui monte perpendiculairement à l'horifon, & dont le Mouvement eft retardé, & enfin éteint par les impulfions redoublées de la Pefanteur ; & lorfque leurs Adverfaires, au lieu de vérifier ces expériences, au lieu de

---

* Titre de l'Ouvrage de M. *Leibnits : Act. Erud. Lipf.* 1686. *p.* 161.

mettre eux-mêmes la main à l'œuvre, d'y réflechir du moins, pour voir ce qu'il en devoit résulter en les suppofant exactes, & de s'appercevoir que ce n'étoit jamais que le même effet déguifé, & plus compliqué feulement, n'ont cherché qu'à les invalider par la difficulté de l'execution, & autres pareilles défaites. Mais ce mal entendu ne fubfifte plus, je crois du moins qu'on ne m'accufera pas d'avoir travaillé à l'entretenir. La matiere eft fuffifamment éclaircie, & il y a certainement ici quelqu'un qui a tort, qui s'abufe par les préjugés de l'autorité, ou de l'amour propre, & dont les raifonnemens applaudis aujourd'hui par un nombre de Sçavans, fourniront à la race future un exemple de plus de la foibleffe de l'efprit humain.

Je me flate, Madame, que vous regarderez toutes ces réflexions comme une preuve du cas que je fais de vos lumieres, & de ce bon efprit qui ne fçauroit vous permettre de réfifter au vrai, quand il fe préfentera à vous fans nuage.

Je fuis avec un profond repect, &c.

A Paris, ce 18.
Fevrier 1741.

ME ssieurs de Reaumur & Caffini ayant été nommés pour examiner une Lettre de M. de Mairan, fur les Forces Vives, en réponfe aux Objections qui lui ont été faites à ce fujet, dans un Livre qui a pour titre, *Inftitutions de Phyfique*, & en ayant fait leur rapport, la Compagnie a jugé que cette Lettre étoit digne de l'impreffion.

En foi de quoi j'ai figné le préfent Certificat, au lieu du Secretaire.

A Paris, ce 4. *Mars* 1741.

Signé, NICOLE, Directeur de l'Academie Royale des Sciences.